みんなは、生活をするなかでいろいろな単位をつかっています。
小学校（算数）では長さ、かさ（体積）、広さ（面積）、重さ、時間を学習しますが、学習しない単位もたくさんあります。
この本では、学校で学習しない単位にもふれています。

この表はコピーして使用することができます。

広さ（面積）	重さ	時間
		時刻の読み方
		日　時　分
	キログラム　グラム　トン kg　g　t	セカンド　びょう s（秒）
へいほうキロメートル　へいほうメートル　へいほうセンチメートル km² 　m² 　cm² ヘクタール　アール ha 　a		

出典：文部科学省が発表した学習指導要領

「目からウロコ」単位の発明！

④ かさ・体積の単位　農業の発展・収穫量を正しく知るには？

巻頭まんが 「かさくらべ」

「かさ」と聞いて思いだすものといえば「傘」。太陽や月の周りにあらわれる大きな光の輪も「かさ」といいます。2年生の算数では、シリーズ①巻で見た「体積」という言葉をつかわず「かさ」といっています。たとえば、水の体積を「水かさ」というように。

けんちゃん、その傘！あたらしいのか〜？

うん、お父さんが、けんも2年生になったんだから、もっといっしょうけんめい勉強するようにって、買ってくれたんだ。

なんで、傘なんだよー。傘の勉強でもしろっていうのか？どんな傘がいいとか？どうすれば雨をよけられるとか〜？

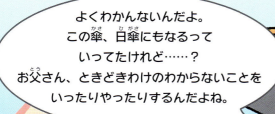

よくわかんないんだよ。この傘、日傘にもなるっていってたけれど……？お父さん、ときどきわけのわからないことをいったりやったりするんだよね。

かさは、かさでも、算数で習う「かさ」のことじゃない？水の量のことを「水かさ」というって、習ったでしょ。

雨傘・日傘にかけて、「かさ」をしっかり勉強しろって、けんちゃんのお父さんならいいそう！

1 ボウルに水をいっぱい入れてから、リンゴを上からおさえて、全体が水面ギリギリにくるまでしずめる（水がこぼれてよい）。

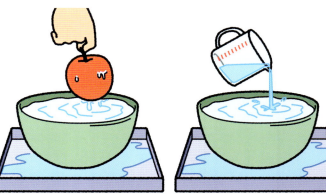

2 リンゴを取りだしたあと、計量カップではかりながら、こぼれた分の水をボウルにたしていく。はかった「水かさ（水の量）」が、リンゴの体積と同じになる。

3 バナナでも同じようにおこない、バナナの体積をはかる。リンゴとバナナの体積をくらべる。

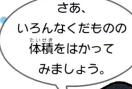

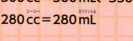

いまの実験の話をつかって、「かさ」の単位についてまとめておきましょう。

ペットボトルには、大小いろいろある。
なかでもいちばん大きなものの「かさ」は、2000ccとか2000mLとか、また2Lなどと書かれている。
その次に大きいものは、1000cc、1000mL、1L。
1Lよりちいさい「かさ」のペットボトルには、次のものがある。
500cc＝500mL、350cc＝350mL、280cc＝280mL

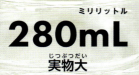
280mL 実物大

350mL 実物大

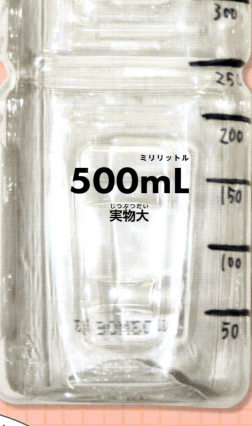
500mL 実物大

mLはmLのこと

いろいろなペットボトルは、どれも見たことがあるでしょ。
でも、cc、mL、Lについては、みんなもまだ、よくわからないかもしれないね。
これらが「かさ」をあらわす単位です。
さあ、これらの「かさ」の単位について、しっかり勉強していきましょう。
みなさん、がんばっていこうね。

7

はじめに

　大昔の人類は、空に太陽がのぼるとともに起きて、しずむと寝るといった生活をしていました。そうした時代の人類がはじめてはかったものは、「時間」だと考えられています。夜空にうかぶ月が丸くなったり細くなったりする（月の満ち欠け）のを見て時間をはかったのです。その証拠として、月の満ち欠けの記録と思われる線が刻まれた石が、約3万年前の遺物から見つかっています。

　やがて狩猟・採集生活をしていた人類は、土地に住みついて穀物を栽培するようになります。そうなると、なにをするにも道具が必要。さまざまな道具を発明します。そうしたなかで、「長さ」や「かさ（体積）」などをはかる（計量する）必要が出てきました。

　古代エジプトでは、毎年ナイル川が氾濫し、その近くの農地が何か月ものあいだ水につかってしまいます。そして水が引いたあと、どこがだれの土地なのかがわからなくなってしまいました。このため、土地をもとどおりにするため、はかること（測量）がおこなわれました。

　その後、農業が発展し、収穫量がどんどん増えていくと、それを売り買いするのに「かさ（体積）」や「重さ」をはかるようになります。

　そうしたなか、都市国家が誕生。紀元前8000年ごろになると、そこでくらす人びとは、金銀・宝石・香料など、あらゆるものの取引をはじめます。

　そうしているうちに、人類は「時間」や「長さ」、「かさ（体積）」、「重さ」のほか、さまざまな単位を必要におうじて発明していきました。

　本シリーズは、現在わたしたちが日常的につかっているいろいろな単位について、みなさんが「目から鱗がおちる（新たな事実や視点に出あい、それまでの認識が大きくかわる状況をあらわす表現）」ように「そうだったんだ！」とうなずいてもらえるように企画したものです。題して「目からウロコ」単位の発明！シリーズ。次のように5巻で構成しています。

> **「目からウロコ」単位の発明！（全5巻）**
>
> **① いろいろな単位**
> 単位とはなにか？
>
> **② 長さ・角度・速さの単位**
> 人類は、いろいろなものをはかるようになった
>
> **③ 面積の単位**
> 洪水後の土地をもとどおりにはかるには？
>
> **④ かさ・体積の単位**
> 農業の発展・収穫量を正しく知るには？
>
> **⑤ 重さの単位**
> 取引のために金銀・香料などをはかるには？

　それでは、いつもつかっているいろんな単位について、「そうなんだ！　そうだったのか！」といいながら、より深く理解していきましょう。

子どもジャーナリスト
Journalist for Children　**稲葉茂勝**

もくじ

巻頭まんが「かさくらべ」……1
はじめに……8
もくじ……9

1 そもそも「かさ」の単位とは？……10
- 「かさ」の単位をさがそう……10
- 1Lのものをさがせ！……11
- ccのふしぎ……12
- あまりつかわれないdL……12
- m³(立方メートル)もある……13
- 「かさ」の単位をまとめてみよう……13

2 1立方メートルの空間……14
- 1m³の空間に何人入れるか？……14
- もっとくわしく 容積と体積……14
- トイレの大きさ……15
- 緑色の部分はどれも1m³……15

3 1リットルの量は？……16
- 牛乳パック1本分の量……16
- もっとくわしく 「合」や「升」……16
- お酒の「かさ」……17
- 百万石の大名様……18

4 トイレ・おふろの水の量は？……20
- おふろでつかう水の量……20
- トイレで水を流す回数……21
- もっとくわしく 水道料金……21
- アメリカの単位いろいろ……22
- もっとくわしく 華氏ってなに？……23

5 穀物や豆の量は入れ物が単位に！……24
- バレルとガロン……24
- 豆は、昔は「かさ」、今は「重さ」であらわす……25
- 一斗ます……25

6 「かさ」か重さか……26
- 同じものの「かさ」と重さをはかる……26
- 長さと「かさ」の関係は……27
- もっとくわしく 計量法……27
- 牛乳パックの秘密……28
- 傘と帽子をひっくりかえしたら……29

用語解説……30
さくいん……31

この本の見方

のです (→②巻 p14) 参照ページがあるものは、→のあとにシリーズの巻数とページ数(同じ巻の場合はページ数のみ)を示している。

mm、「1000分の1

「かさ」の単位が と「計量法」★ と 用語解説のページ(p30)に、その用語が解説されていることをあらわしている。

1 そもそも「かさ」の単位とは?

水やジュースなどがどのくらいの量なのかをはかるには、それを入れる器（容器）が必要です。
「容積」とは「容器」のなかの水の量などのこと。いっぽう、ものそのものの大きさの量は、「体積」といいます。どちらもいろいろな単位がつかわれます。

「かさ」の単位をさがそう

「かさ」の単位は、だれもが毎日の生活のなかでよく見ているはず。でも、学校であらためて学習してみると、なんだかややこしいと感じる人も多いようです。それどころか、みんなにとって「かさ」は算数のつまずきやすいところだといわれています。

でも、「かさ」の学習は、「かさ」をどのように記すかを覚えてしまえばいいだけです！

ずばり、dL、mL、L などの単位がどのくらいの「かさ（量）」をあらわすかをしっかり理解すればいいのです。そのためには、身近なくらしのなかで「かさ」を体で感じながら学んでいくのが、いちばん！

まずは、右ページのようなことからはじめましょう！

ml は mL のこと

1Lのものをさがせ！

どこの家にも 1Lのものがたくさんあります。それだけ、Lという単位は身近だし、大切なもの！

たとえば、家庭でよくつかわれる牛乳パックのほとんどは、ちょうど1Lです。牛乳パックを見ると「内容量1000 mL」と書かれています（なかには、もう少し少なく表示されているものもある）。

牛乳パックのほかに、どんなものが1Lかを調べてみましょう。

たいていは、牛乳パックと同じように1000 mLや1Lと書かれていますが、なかには、1000 cc と書かれたものもあります。そのため、次のことをしっかり覚えておかなければなりません。

1000 mL ＝ 1 L ＝ 1000 cc

体で覚える！

ccのふしぎ

「かさ」の単位であるmLとccは、どちらも量をあらわす単位です。では、どうしてふたつ単位があるのかとふしぎに思う人もいるでしょう。

mLもccも、基準になっている単位がmです。このmという単位は、「地球の北極点から赤道までの子午線のきょりの1千万分の1を1mとする」と、1791年にフランスで定められたものです（→②巻p14）。1mの1000分の1が1mm、「1000分の1」をあらわすSI接頭語（→①巻p26）の「m」にLをつけたものが、mLです。

いっぽうのccはmの100分の1を示す1cmのサイコロ（1辺の長さが1cmの立法体）を指します。

このサイコロを、フランス語では「センチメートルキューブ」、英語では「キュビックセンチメーター」といいます*。「キュビック」は、3乗（同じ数字を3回かける→p13）することを意味しています。フランス語も英語もふたつの単語の頭文字が「cc」ということで、正式な単位となりました。その後は、ccはSI（→①巻p13）という国際的な単位としては認められず、mLが広くつかわれています。

日本でも、mLで統一され、ccはつかわないようになりました。しかし、おもに自動車やバイクのエンジンの大きさや、調理の計量スプーンや計量カップでもmLではなくccがいまでもつかわれていて、ジュースなどの容器にも多く見られます。

*centimètre cube（フランス語）、cubic centimeter（英語）

あまりつかわれないdL

「かさ」の単位で、みんながひっかかることのひとつに、dLという単位があるようです。でも、整理してみるとかんたん！ 1dLって何L？ じつは、Lにも細かい単位がありますが、小学校で出てくる単位は、mLとdL、Lだけです。ですから、mLのmの意味とdLのdの意味をきちんと理解しさえすれば、「かさ」の単位をマスターできます。

m（ミリ）：1000分の1

d（デシ）：10分の1

このことをまず理解しておけば、1mLが1000分の1Lで、1dLは10分の1Lだとわかります。

なお、ここで1dLを10mLとするまちがいが多いことに注意しましょう（正しくは1dL=100mL）。

m³（立方メートル）もある

　m³（立方メートル）の「立方」とは、どういう意味なのでしょうか？　それを説明する前に、m²（平方メートル）を「平方」といっていることを思い出す必要があります。じつは、「平方」は「平方数」のことで、「立方」は「立方数」のこと。次を意味しています。

平方数
同じ数を2回かけた数
（2乗した数→③巻p25）
例：3×3＝9
　　2回かける

立方数
同じ数を3回かけた数
（3乗した数）
例：3×3×3＝27
　　3回かける

● 4回かけると4乗　（3×3×3×3）
● 10回かけると10乗
　（3×3×3×3×3×3×3×3×3×3）

　「面積」の単位を、この平方数（2乗）をつかってあらわしたのが、m²で、「かさ」の単位を立方数（3乗）であらわしたのが、m³です。このm³は、mLともccとも関係があります。

1 m³ ＝ 1000000 mL ＝ 1000000 cc

1 cm³ ＝ 1 mL ＝ 1 cc

cm³（立方センチメートル）＝ mL（ミリリットル）＝ cc（シーシー）

「かさ」の単位には、mLやcc、cm³と、同じ量をあらわす3種類の単位がつかわれているので、引っかかる人が多いのかもしれないね。
それとccは、SI（→①巻p13）には定められていないんだよ。
でもm³は、正式な単位としてSIに定められているよ。

「かさ」の単位をまとめてみよう

　これまでに出てきた「かさ」の単位をまとめて表にして、それぞれの関係を見てみます。下の図のようにすると意外とかんたんなんだと感じてもらえるといいのですが。

　なお、まとめかたは、下のほかにもあります。自分自身で覚えやすいように整理してみましょう。

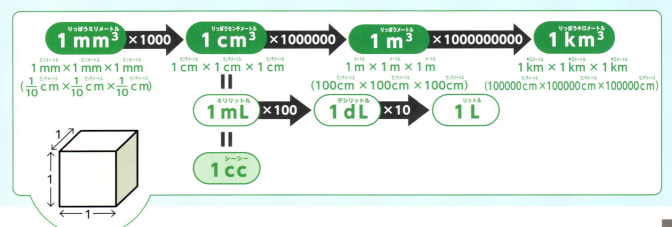

2 1立方メートルの空間

「かさ」をあらわす単位のm³（立方メートル）は、たて・横・高さが1mの大きなサイコロ！ その大きさが、どのような感じになるか、実験してみようというのが、このページの内容です。

1m³の空間に何人入れるか？

1m³という大きさがどんな感じかを体験するために、たて・横・高さが1mの棒をつかって、空間をつくり、そこにみんながはみ出ないように入ってみるという実験が、全国の学校でおこなわれています（下の写真）。

みんなの体の大きさ（巻頭まんが→p6）によってことなりますが、平均8人は入れるといわれています。

みんなの体 → 体積

棒でかこかまれた範囲 → 容積

もっとくわしく

容積と体積

この本では、1の冒頭（→p10）から容積と体積について記してあります。また、巻頭のまんがでも、容積の「容」は「容器」の「容」で、「体積」の「体」は、体といったことを見てきました（→p6）。ここでもう一度確認！「容積」が、立体にどれだけの量が入るかをあらわしているのに対し、「体積」は、立体そのものの大きさとなります。

14

トイレの大きさ

トイレは、幅より奥行きが長くなっているのが普通です。幅80cmで奥行きが125cmだとすれば、広さ（面積）は80cm×125cm＝10000cm² ＝1m² となり、もしも高さが1mだとすれば、左で見た1m³の空間と同じになります。もちろん実際のトイレの高さは2m以上ありますので、トイレのなかの容積は1m³の2倍以上になります。

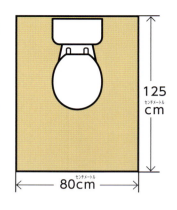

トイレの床の寸法は 約1m²

緑色の部分はどれも1m³

1m³ とは、一辺が1mの立方体（サイコロ）です。でも、各辺の長さが変わっても、たて・横・高さをかけ、1000000cm³ になれば、1m³の立体になります。

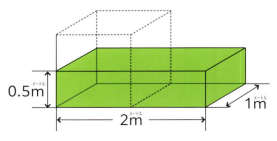

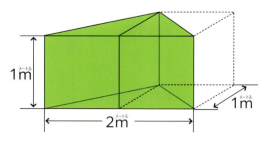

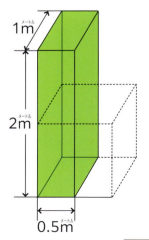

15

3 １リットルの量は？

次は、１Lという量がどのくらいなのか実際に感じてみましょう。
牛乳パック１本は１Lで、１Lは1000mLです。
200mLのコップに分けると、1000mL÷200mL＝5。
ギリギリまでこぼさずに入れると、ちょうど5杯となります。

牛乳パック１本分の量

　紙コップは、たいてい200mLですが、コップのふちギリギリまで牛乳を入れて飲む人は、いません。少なめにそそぐのがふつうです。

　以前、牛乳ビンは180mLのものがほとんどでしたが、最近では学校給食で出るものをはじめ、多くの牛乳ビンが200mLになっています。

　どうして昔は180mLだったかというと、その量が１合という日本の「かさ」の単位だったからです（→p18）。

　日本では計量カップにも、180mLと200mLがあります。180という数字は、200とくらべると半端な数！

　それでも、180mLの計量カップがあるのは、それがお米やお酒を１合はかるために生み出された調理器具だからです。なお、計量カップは現在も、世界不統一！

　日本と海外で実際につかわれている計量カップをくらべると、内容量が少しずつちがいます。たいていは、海外のほうが日本よりカップが大きいようです。

　日本では、米をはかるためのカップは180cc（＝１合）。これは、調理用の計量カップより小さめです。

１カップの量

日本	アメリカ	イギリス	オーストラリア
200cc	237cc	284cc	250cc

もっとくわしく 「合」や「升」

　「合」という単位がつかわれるようになったのは、江戸時代のこと（→p25）。ほかにも「升」や「石」「俵」など、お米の「かさ」をあらわす単位がつかわれていました（→p18）。江戸時代には、現代の税金をお米で納めていたので、このような「かさ」の単位ができたのです。

　戦後になると「計量法」★という法律が改正され、数や量の単位がSI（→①巻p13）に合わせられたため、「合」などの日本独自の単位は公式にはつかわれなくなりました。ところが、現在でもお米やお酒の単位として「合」や「升」はつかわれています。お酒の一升びんはよく知られていますが、１升は10合なので、１升びんは１合180mLの10倍で、1800mLです。

お酒の「かさ」

ここは、みんなには関係ない大人の話ですが、
お酒の場合、ビールの大びんが 633 mL とか、ワインが 750 mL など、
半端な数字になっていることを調べてみましょう。

ビールの場合

現在ビールのびんには大びん633mL、中びん 500mL、小びん 334mL など7種類あり、缶は 500mL、350mL など8種類あります。

どうして、ビールの大びんは、633 mL と半端な数字になっているのでしょうか。

その理由は、1940（昭和15）年3月に新しい酒税法★が制定されたとき、それまで日本のビール工場がつかっていたびんのなかでいちばん小さいものに合わせられたという事情がありました。それ以降、現在まで、この 633 mL という容量がつかわれているのです。

ワインのボトルは？

それでは、ワインのボトルはどうでしょうか。もともとワインは外国のもの。そのため日本のお酒の一升びんが 1800 mL（1.8 L）のように、ボトルの大きさは、海外の事情によって決まっています。

ワインボトルには、いかり肩や細長いものなどさまざまな形がありますが、見た目のちがいはあっても、ふつうのボトル1本は、750 mL となっています。その理由は、ワイン大国のフランスがイギリスへ輸出する際、750 mL にすると便利だったことがあげられます。つまり、昔のイギリスでは「gal（→p24）」という単位がつかわれていて、1 gal ＝ 4500 mL（4.5 L）だったことから1本が750mL ならば、12本（1ダース）で輸出すると、ちょうど2 gal ＝ 9000 mL ＝ 9 L となるため、便利だったわけです。しかもフランス（ボルドー地方）では、使用されているワイン樽が、22万5000 mL（225 L）が主流だったことも影響していました。この量を 750 mL で割ると、ぴったり300本となります。

750mL × 12本 ＝ 2ガロン ＝ 9 L

百万石の大名様

ここでひと休み！「加賀百万石★」という言葉があります。この言葉は、昔の加賀藩が100万石以上のお米がとれるところであることをいっています。「石」とあわせて昔の「かさ」の単位をまんがで見てみましょう。

百万石の「石」は、体積をあらわす単位です。
百万石の大名とは、その大名の領地で1年間に収穫できる米の量が百万石あるという意味です。

3. 米1合をたいたごはんの量は、だいたい茶わん2杯分。そうすると……。

1升は10合
1斗は10升
1石は10斗

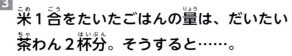

	一合ます (180mL)	一升ます (1.8L)	一斗ます (18L)
ごはん（茶わん）	2杯分	20杯分	200杯分

昔のおとなは1人1日3合（茶わん6杯）食べていたとされ、1年（365日）で2190杯（1095合）。つまり1石は1人が1年分に食べる米の量でした。

4. 百万石は、100万人が1年間くらすことができる米の量だということです。

加賀藩は現在の石川県・富山県を領地とした藩。100万人といえば、現在の富山県全体の人口とほぼ同じです。

古くから、容積をはかるために「ます」という道具がつかわれてきた。ますの大きさは地域によってまちまちだったが、1669年に、徳川幕府*が一升ますの大きさを全国統一。

いまでも炊飯器のサイズには「○合炊き」という表現がつかわれている。米をはかるための計量カップは、1カップ＝1合＝180mLとなっていて、料理の計量カップ（200mL）とは容量がことなる（→P16）。

米の量には俵という単位もある。日本では、米の入れものとして稲わらであんだ俵というものをつかっていたからだ。1俵にどれくらいの米が入るかは、時代や地域によって多少ことなる。現在は、1俵＝4斗と定められていて、重さにして約60kgとなる。

百万石のおにぎり

百万石の米で大きなおにぎりをつくるとすると、高さ約110mにもなる*。

巻頭まんがに出てきた水かさの「かさ」を漢字で書くと「嵩」。この字は、ものの体積や容積、分量を意味するほか、山が高くそびえるという意味もあるよ。

*炊飯後の米の体積を2.5倍と考える。また、おにぎりの形は正三角形で、厚みが三角形の1辺の半分とする。

4 トイレ・おふろの水の量は？

環境を守るためには、水を大切にしなければなりません。家のなかでいちばん大量の水をつかうものといえば、おふろ（シャワー）とトイレを思い出す人が多くいます。どれくらいの水をつかっているのでしょうか。

おふろでつかう水の量

おふろの水のかさ（量）は、浴槽のたて・横・深さで計算して出すことができます（→p15）。でも、その量がどのくらいかはよく実感できません。

そこで、おふろの水かさがどのくらいなのかを、牛乳パックをつかって、おふろに水を入れてみることにします。

おふろは、浴槽の大きさで水の量が大きくちがってきますが、一般的な家庭の浴槽に入る水は200L〜250Lだといわれています。

すると、牛乳パックで水を入れると、なんと200本〜250本分にもなるではありませんか。

どうですか、わたしたちは、おふろでものすごくたくさんの水をつかっていることがわかるでしょう。

シャワー！　浴槽をからにした状態で、浴槽のなかに水がたまるようにシャワーをつかってみましょう。底にたまった水が浴槽のどのくらいの高さになるかを見て、牛乳パックなら何本くらいになるか調べてみるのです。みんなが、同じようにつかうとすれば、家族全員ではどのくらいの量をつかっていることになるでしょうか？　想像しただけでびっくり！

単位の勉強をしながら、おふろ、シャワーほかの節水を考えたいものです。

20

トイレで水を流す回数

最近のトイレは、1回で流す水の量は、約4Ｌといわれています。これは、牛乳パック4本分です。20年くらい前までは、今の3倍〜5倍もの水を流していました。減ったといっても、トイレで流す水の量は、一般の家庭で、1日につかう水の量の約20％になるという資料もあります。

もっとくわしく

水道料金

トイレやおふろなど家でつかう水の量は、水道メーターを見ればわかります。水道料金は、1 m³ あたりの金額です。1 m³ は、たて、横、高さがそれぞれ1 m の四角い大きな容器（巨大なサイコロ「立方体」とよぶ）に入った水の量のこと。そのサイコロのなかに入る水の量は 1000Ｌです（1 m³ ＝ 1000Ｌ）。

水道料金は、地域によってことなりますが、自分の住んでいる地域の水道料金が1 m³ あたりいくらかかるのかは、調べればわかります。実際の水道料金は、基本料金と従量料金（使用料によって決まる料金）の合計です。

水道メーターは町によってちがいますが、基本は同じです。m³ で表示されています。家のどこにあるかを確認して、見てみるといいでしょう。家のなかで水をつかっていると、メーターが動いているのがわかります。

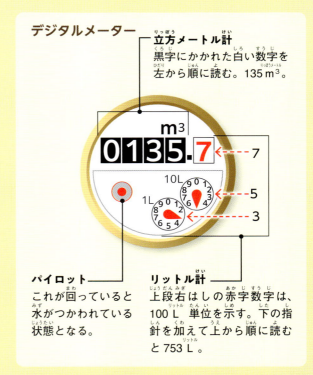

※料金を算出するときは、立方メートル計の数字を用い、リットル計の数字は料金計算には関係しない。

アメリカの単位いろいろ

ここで少しかわった話をします。アメリカでは、世界でつかわれている単位とはちがう単位をつかっているという話！
m（メートル）、g（グラム）、L（リットル）が通じない？

長さの単位

アメリカでは、長さの単位は、in、ft、yd★、mi がつかわれています。日本（メートル法）とアメリカの単位の換算表を見てください。アメリカの 1 in は 2.54 cm であることなどがわかります。

日本（メートル法）	アメリカ
2.54 cm（センチメートル）	1 in（インチ）
30.48 cm（センチメートル）	1 ft（フィート）
0.9144 m（メートル）	1 yd（ヤード）
1.609 km（キロメートル）	1 mi（マイル）

たとえば、「身長 6 ft 2 in の人は、187.96 cm」とか、「ゴルフコースで 300 yd は、274.32 m」などといいます。また「時速 100 mi は、時速 160.9 km」などといっています。

★ 1yd＝0.9144m

アメリカンフットボールのフィールドでは、1yd ごとに短い白線が引かれている。
2〜3歳児の身長くらい。

面積の単位

面積の単位は、おもに sqft、ac、ha がつかわれています。例としては、次のとおりです。

面積
100 sqft ＝ 9.29 m² ＝ 5.09 畳
※1畳＝1.824 m² として

土地面積
100 ac ＝ 40万4700 m² ＝ 12万坪
※1坪＝3.3057 m² として

日本（メートル法）	アメリカ
0.0929 m²（平方メートル）	1 sqft（スクエア フィート）
4047 m²（平方メートル）	1 ac（エーカー）
10000 m²（平方メートル）	1 ha（ヘクタール）

アメリカで売りだされている土地の看板

※看板に書かれた「ACRE」はエーカーの英語表記。単位表記は「ac」。

「かさ」（容積・体積）の単位

体積の単位には、fl oz、pt、gal がつかわれています。例としては、牛乳（大きなサイズ）＝4gal＝15.12L というようになります。

日本（メートル法）	アメリカ
29.6mL（ミリリットル）	1 fl oz（フルイドオンス）
473mL（ミリリットル）	1 pt（パイント）
3.78L（リットル）	1 gal（ガロン→p24）

1ptのアイスクリーム

1 pint (473ml)

※容器に書かれた「pint」はパイントの英語表記。単位表記は「pt」。また、「ml」は「mL」のこと。

1galの油のボトル

1 GAL (3.78 L)

※ボトルに書かれた「GAL」は「gal」を大文字で表記したもの。

重さの単位

重さの単位は、oz、lb です。たとえばイチゴが8ozで売られていますが、226.4gのこと。また、体重は、120lb などとあらわしますが、これは54.43kg にあたります。

日本（メートル法）	アメリカ
28.3g（グラム）	1oz（オンス）
453.592g（グラム）	1lb（ポンド）

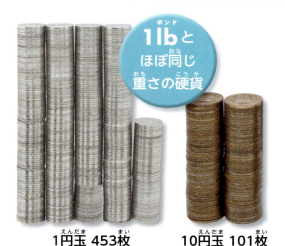

1lbとほぼ同じ重さの硬貨

1円玉 453枚　　10円玉 101枚

100円玉 94枚　　500円玉 64枚

もっとくわしく

華氏ってなに？

アメリカの映画などで、「気温86度」などと聞いてびっくりするようなことがありますが、アメリカでつかわれる温度の単位は「華氏」Fahrenheit です。アメリカ以外のほとんどの国は、Celsius（セルシウス＝摂氏）がつかわれてます。単位は、摂氏が ℃ で、華氏は ℉ です。

℃（摂氏）	0	10	20	30	40	60
℉（華氏）	32	50	68	86	104	140

5 穀物や豆の量は入れ物が単位に！

アメリカでつかわれている「かさ」の単位に bbl（バレル）や gal（ガロン→p23）があります。また、日本では「1斗」という単位がありました。ここでは、これらの単位について調べてみましょう。

バレルとガロン

bbl は、アメリカの「かさ」の単位のひとつ。これは、もとは「大きなたる」を意味する言葉でした。かつてのアメリカでは、たる（barrel＝バレル）に原油を入れて運んだことから、バレルが「かさ」の単位となりました。1 bbl ＝ 42 gal ＝ 約159 L となっています。

いっぽう、gal はアメリカやイギリスでつかわれている「かさ」の単位です。アメリカでは 1 gal ＝ 約3.8 L、イギリスでは約4.5 L です。

なお、バレルもガロンも「かさ」をあらわす単位ですが、バレルは液体などそのものの量（体積）をあらわすのにつかい、ガロンは、それを入れる容器の量（容積）をあらわします。

gal
「ガロン」とは、ボウルやバケツをあらわすラテン語に由来する。

bbl
「バレル」とは、もともとは大きなたるを意味することば。

液体のかさ
1 bbl（バレル） ＝ 42 gal ＝ 159 L

容器の量
1 gal（ガロン） ＝ 約3.8 L アメリカ
              ＝ 約4.5 L イギリス

アメリカのスーパーマーケットで売られている1 gal の牛乳。

※ボトルに書かれている「ONE GALLON」は「1」と「ガロン」の英語表記。単位表記は「gal」。

豆は、昔は「かさ」、今は「重さ」であらわす

　日本では、昔、穀物や豆類を売り買いするとき、ますに入れて「かさ」をはかっていました。でも、同じ豆でも実のつまったものもあれば、すかすかのものもあって重さがちがいます。そのため重さをはかるようになりました。

一斗ます

　下の写真は江戸時代から大正時代までつかわれていたますで、その容積が1斗であったことから「一斗ます」とよばれていました。
　1斗は、18L＝18000cm³＝0.018m³。
　江戸時代から明治時代にかけてつかわれていた一斗ますは底が正方形ですが、1909（明治42）年の度量衡法★改正からは、底が円のものに統一されました。

角型の一斗ますの規定の寸法は、正方形の1辺が10.5寸（31.8cm）、深さ5.88寸（17.8cm）。体積を計算すると、31.8×31.8×17.8＝18000.072となる。

角型の一斗ますは精度が悪いということで、丸型（円筒形）に統一された。右はしにあるのは、穀物などをはかるときに、盛り上がったぶんを平らにするためにつかわれた斗かき棒。

斗
斗とは、ひしゃく、もしくはひしゃくの形をしたものをさす。

合
「合」も、昔の中国で生まれた単位。「升」の10分の1の量として、日本へ伝わってきた。

升
「升」とは、昔の中国で生まれた単位で、「両手ですくった量」に由来する。時代とともにこの基準の容積が大きくなり、いまでは10倍ほどの大きさとなった。

1斗 ＝ 10升 ＝ 100合 ＝ 18L

25

6 「かさ」か重さか

「かさ」と重さは切っても切れない関係にあります。長さと広さ、面積と容積・体積なども深く関係していますが、「かさ」と重さとの関係とはちがいます。「かさ」と重さというのは、同じ量を、基準をかえてあらわしただけだともいえます。どういうことでしょうか。

同じものの「かさ」と重さをはかる

25ページでは「同じ豆でも実のつまったものもあれば、すかすかのものもあって重さがちがいます。そのため重さをはかるようになりました」と記してあります。

これは、豆の量をますではかり、そのいっぽうで、同じ量の豆の重さをはかります。つまり、豆にかぎらず、同じ状態のものを、いっぽうで「かさ」をはかり、もういっぽうで重さをはかるということです。

長さと「かさ」の関係は

「かさ」と重さの関係では、「かさ」が2倍になれば、重さも2倍。3倍なら3倍に増えていきます。

ところが長さと「かさ」は、1辺の長さが2倍、3倍、4倍、5倍と増えれば「かさ」は8倍、27倍、64倍、125倍と増えていく関係にあるのです。

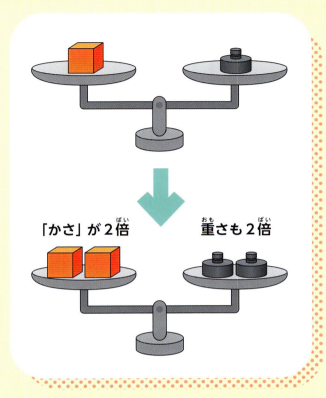

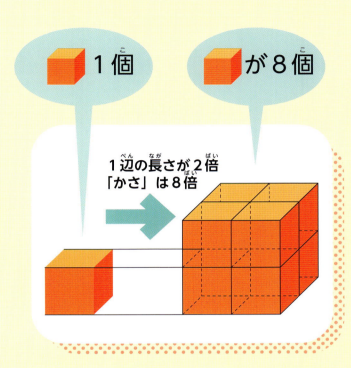

もっとくわしく

計量法

缶飲料や紙パック飲料、ペットボトル飲料には、ミリリットル表示（容積）とグラム表示（重さ）がつかいわけられています。「計量法」（→p30）という法律では、内容量を示す際に体積または重さ（質量→①巻P24）のどちらかであらわすと定めています。製造工場で内容量のチェックを体積でおこなっていればmLで、重さでおこなっていればgで表示されます。

一般的に缶飲料は重さでチェックがしやすいためグラム表示が多いですが、炭酸飲料の場合は、体積チェックをするため、ミリリットルで表示されます。炭酸飲料のなかにとけている二酸化炭素が時間の経過とともに減少し、重さが減る可能性があるからです。

牛乳パックの秘密

スーパーなどで売っている1Lの牛乳パックの容積を計算すると、1L（1000mL）以下の数字が記されています。どうしてでしょう？

1Lの牛乳パックのふしぎ

牛乳パックを切りひらいてはかってみると、おおよその長さは、下の展開図のようになる。

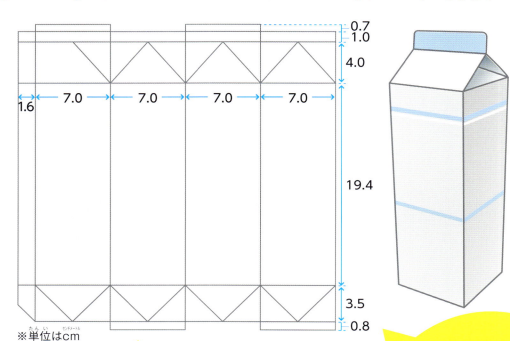

※単位はcm

7.0×7.0×19.4＝950.6（cm³＝mL）で、1000mL（1L）にはなっていない。

これには理由がある。
じつはこれは、なかの牛乳の圧力でパックがふくらみ、容積が大きくなるからだ。上の計算では49.4mL（1000−950.6）分の牛乳がふくらんだ部分に入っていることになる。

もっとくわしく

沖縄県の牛乳パック

沖縄では、1gal（→p24）の4分の1（1qt＝946mL）の牛乳が販売されている。これは、第二次世界大戦後に沖縄がアメリカの統治下にあったときにつくられた牛乳工場で、機械や容器のサイズがすべてアメリカ製だったことのなごりだ。

mlはmLのこと

牛乳パック断面図

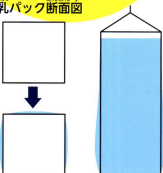

青色の部分がふくらむ

傘と帽子をひっくりかえしたら

この本の、巻頭のまんがでは、「かさ」とかさ（傘）という言葉について「傘をつかって『かさ』の勉強？」をのせました。
まんがに登場する先生も、びっくり。こんな話がアメリカであります。

冗談のような、本当の話

傘を開いて逆さまにして、器のようになったところへ水を入れる→そのまま傘をとじていけば、水がこぼれて、「かさ」が減ることがわかります。

ところで、最近「逆さ傘」というものが登場しました。雨にぬれる側を内側にたたむという、逆さまの発想からできた傘。下のイラストのように、開閉するときに器のようになるので、そこに水を入れてそのまま傘をとじていけば、「かさ」が減っていき、水がこぼれるわけです。不思議な傘ですね。

さて、傘に水を入れるのは、おかしな話ですが、じつはアメリカでは、逆さにした傘に水を入れるのと同じような話が伝えられています。昔アメリカでは、多くの男性が「テンガロンハット」とよばれる写真のような帽子をかぶっていました。西部劇映画などでは、帽子で水をくむシーンが見られます。実際には、10 gal は、約38 L ですから、テンガロンハットは 10 gal 入る帽子ではありません。でもなぜか、そうよばれているのです。

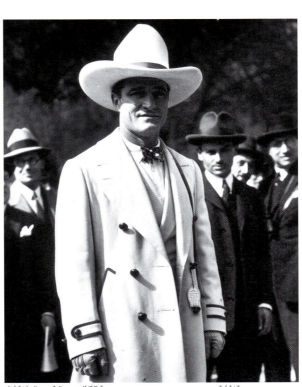

頭頂部が高く、幅広くそりあがったつばが特徴のテンガロンハット。

29

用語解説

本文を読む際の理解を助ける用語を50音順にならべて解説しています（本文のなかでは、右肩に★印をつけた用語）。（　）内は、その用語が掲載されているページです。★印は初出にのみつけています。

加賀百万石　　　　　　　　　　（P18）

江戸時代に、加賀（石川県南部）、能登（石川県北部）、越中（富山県）の広大な土地を領地とした加賀藩が、100万石以上の米を収穫していたことからできた言葉。実際の石高は119万5000石に上るといわれている。

計量法　　　　　　　　　　　　（P16）

計量に使用する単位や計量の仕方などを決め、正しく計量することを義務づけた法律。計量の基準を定めるほか、商品が正しい計量によって販売されるように「商品量目制度」をつくり、商品に表示されている量と実際の量の違いを一定の範囲内にしなければならないと決めた。ほかにも、計量につかう器具が基準を満たしているかどうか確認するための、検定・検査の実施についても規定。1951年に度量衡法（→右欄）にかわって制定されたが、1992年の改正により、現在は国際度量衡総会という世界規模の会議で決めた、メートル、キログラムなどを基本の単位とする国際単位系（SI（→①巻p13））が採用されている。

酒税法　　　　　　　　　　　　（P17）

酒税の確保と保全の観点から、酒類にたいして課される税や、酒の製造・販売に関する免許、酒の分類などについて定めた法律。17ページでビール大びんが633mLになった理由にあげられるのが、1940年に制定された新しい酒税法。それまでビールにはビール税（生産量に応じて課税される税金）と物品税（出荷数に応じて課税される税金）が課せられていたが、改正によって物品税に一本化。ビールの容器を統一しようということから、各社の工場でつかわれていたビール大びんを調査。最大が3.57合（643.992mL）、最小が3.51合（633.168mL）だとわかり、いちばん小さなものにあわせれば大きめのびんもつかうことができるという理由で633mLの容量になったという。

徳川幕府　　　　　　　　　　　（P19）

1603年に、将軍となった徳川家康が江戸城を本拠地として政治をおこなった、武士による武家政権。徳川幕府は、全国を幕府の領地と大名の領地に分け、1万石以上をあたえられた武士を大名とし、領地（藩）を支配する幕藩体制を確立。武士と農民の身分制度をつくるなど、安定的な政治のしくみをつくり、1867年に、15代将軍徳川慶喜が朝廷に政権を返すまで、265年にもわたって全国を治めた。

度量衡法　　　　　　　　　　　（P25）

1891年に、度（長さ）・量（体積）・衡（重さ）に関する単位や計量器具について定めた法律。1921年に改正がおこなわれるまで、新しく導入したメートル法と、度量衡法の制定前につかっていた尺貫法（→①巻P23）を併用。1951年、計量法（→左欄）の施行にともなって廃止された。

ます　　　　　　　　　　　（P19、25）

穀物や豆類などの分量をはかる容器。ますの大きさには勺、合、升、斗、石があったが、一升ますは時代と地域によって大きさがことなっていた。安土桃山時代に、当時京都でつかわれていた「京ます」にますの大きさを統一。江戸時代になると、「江戸ます」がつくられ、「京ます」とともに使用されたが、1669年には「京ます」に統一された。

ヤード　　　　　　　　　　　　（P22）

ヤード・ポンド法（→①巻P22）における長さの単位。西洋で古くからつかわれてきた単位だが、イギリス以外のヨーロッパでは、はやくから1mを基本としてつくられた単位のしくみであるメートル法に移行。1955年にはイギリスも国際単位系（SI）に移行したため、いまではアメリカと一部の地域のみでつかわれている。

さくいん

さくいんは、本文および「もっとくわしく」から用語および単位名・人物名をのせています（用語解説に掲載しているものは省略）。

あ

アメリカ …………… 16, 22, 23, 24, 28, 29
アメリカンフットボール …… 22
イギリス ……………… 16, 17, 24
一斗ます ……………………… 25
インチ(in) …………………… 22
エーカー(ac) ………………… 22
SI ……………………… 12, 13, 16
エンジン ……………………… 12
大きさ ………… 12, 14, 15, 17, 20
おふろ ……………………… 20, 21
重さ ……………… 19, 23, 25, 26, 27
オンス(oz) …………………… 23

か

かさ
　…… 10, 12, 13, 14, 16, 17, 18,
　19, 20, 23, 24, 25, 26, 27, 29
華氏 …………………………… 23
紙コップ ……………………… 16
ガロン(gal) ……………… 17, 23, 24
牛乳パック …… 11, 16, 20, 21, 28
牛乳ビン ……………………… 16
グラム(g) ………………… 22, 27
計量カップ …………… 12, 16, 19
計量スプーン ………………… 12
合 …………………………… 16, 25
石 ……………………………… 16
ゴルフコース ………………… 22

さ

サイコロ ………… 12, 14, 15, 21
逆さ傘 ………………………… 29
シーシー(cc) ……………… 12, 13
シャワー ……………………… 20
升 …………………………… 16, 25
水道メーター ………………… 21
水道料金 ……………………… 21
スクエアフィート(sqft) …… 22
正三角形 ……………………… 19
摂氏 …………………………… 23

た

体積 ………… 10, 14, 18, 19,
　　　23, 24, 25, 26, 27
第二次世界大戦 ……………… 28
デシ(d) ……………………… 12
デシリットル(dL) ……… 10, 12
テンガロンハット …………… 29
斗 …………………………… 24, 25
トイレ …………………… 15, 20, 21

な

長さ ………… 12, 22, 26, 27, 28
二酸化炭素 …………………… 27

は

パイロット …………………… 21
パイント(pt) ………………… 23
バレル(bbl) …………………… 24
ビール ………………………… 17
俵 ……………………………… 19
広さ ………………………… 15, 26
フィート(ft) ………………… 22
フランス …………………… 12, 17
フルイドオンス(fl oz) ……… 23
平方数 ………………………… 13
平方メートル(m^2) ……… 13
ヘクタール(ha) ……………… 22
ポンド(lb) …………………… 23

ま

マイル(mi) …………………… 22
ミリ(m) ……………………… 12
ミリリットル(mL)
　………………… 10, 11, 12, 13, 27
メートル(m) ………………… 12
面積 ………………… 13, 15, 22, 26

や

容積 ………… 10, 14, 15, 19,
　　　23, 24, 25, 26, 27, 28

ら

リットル(L) ………… 10, 12, 22
リットル計 …………………… 21
立方数 ………………………… 21
立法センチメートル(cm^3) … 13
立方体 …………………… 12, 15, 21
立法メートル(m^3) …… 13, 14, 21
立方メートル計 ……………… 21

わ

ワイン ………………………… 17

31

■ 著
稲葉茂勝（いなば　しげかつ）
1953年東京生まれ。大阪外国語大学、東京外国語大学卒業。国際理解教育学会会員。子ども向け書籍のプロデューサーとして約1500冊を手がけ、「子どもジャーナリスト（Journalist for Children）」としても活動。
著書として『目でみる単位の図鑑』、『目でみる算数の図鑑』、『目でみる１mmの図鑑』（いずれも東京書籍）や『これならわかる！ 科学の基礎のキソ』全８巻（丸善出版）、「あそび学」シリーズ（今人舎）など多数。2019年にNPO法人子ども大学くにたちを設立し、同理事長に就任して以来「SDGs子ども大学運動」を展開している。

■ 監修協力
佐藤純一（さとう　じゅんいち）
国立学園小学校校長。専門は算数。

小野　崇（おの　たかし）
桐朋学園小学校理科教諭。

■ 絵
荒賀賢二（あらが　けんじ）
1973年生まれ。『できるまで大図鑑』（東京書籍）、『電気がいちばんわかる本』全5巻（ポプラ社）、『多様性ってどんなこと？』全4巻（岩崎書店）など、児童書の挿絵や絵本を中心に活躍。

■ 編集
こどもくらぶ
あそび・教育・福祉分野で子どもに関する書籍を企画・編集。あすなろ書房の書籍として『著作権って何？』『お札になった21人の偉人　なるほどヒストリー』『すがたをかえる食べもの［つくる人と現場］』『新・はたらく犬とかかわる人たち』『狙われた国と地域』などがある。

※本シリーズでの単位記号の表記について
このシリーズでは、「リットル」の表記を「L」、「アール」の表記を「a」、「グラム」の表記を「g」で統一しています。

■ 装丁／本文デザイン
長江知子

■ 企画・制作
株式会社 今人舎

■ 写真提供
表紙：©dezign56 - stock.adobe.com
表紙、P23：©leekris - stock.adobe.com
P17：©Popova Olga - stock.adobe.com
P22：写真提供　ユニフォトプレス
P22：© Dahlskoge¦ Dreamstime.com
P23：©Brett - stock.adobe.com
P24：©Sundry Photography - stock.adobe.com

■ 写真協力
表紙、P25：千葉県立中央博物館大利根分館
P 7、P27：アサヒ飲料株式会社
P10、P28：農業生産法人有限会社EM玉城牧場牛乳
P11：森永乳業株式会社
P14：新座市立池田小学校
P25：芳栄堂
P25：岩倉市教育委員会
P27：株式会社伊藤園

■ 参考資料
ビール酒造組合「なんでもQ&A」
https://www.brewers.or.jp/faq/answer.html

> この本の情報は、2024年11月までに調べたものです。今後変更になる可能性がありますのでご了承ください。

「目からウロコ」単位の発明！　④かさ・体積の単位　農業の発展・収穫量を正しく知るには？　NDC410

2025年2月25日　初版発行

著　者	稲葉茂勝
発行者	山浦真一
発行所	株式会社あすなろ書房　〒162-0041　東京都新宿区早稲田鶴巻町 551-4　電話　03-3203-3350（代表）
印刷・製本	株式会社シナノパブリッシングプレス

©2025　INABA Shigekatsu
Printed in Japan

32p／31cm
ISBN978-4-7515-3234-8

いろいろな面積の単位

表の見方

- ■の部分は、左側に示すそれぞれの単位の1平方メートル（m²）、1アール（a）、1坪、1エーカー（ac）などを示している。
- ■の部分の上下を見ると、たとえば 1a が 100 m² とか 0.01 ha、30.25 坪であることがわかる。
- たとえば昔の単位の1反は現代の単位ではどのくらいになるかを知ろうとした場合、1反を見れば、その2つ上の300から300坪だと、またいちばん上の数字から991.74 m² であるとわかる。

面積の単位の換算早見表

メートル法	平方メートル（m²）	1 m²	100	10000	1000000	3.31
	アール（a）	0.01	1 a	100	10000	0.03
	ヘクタール（ha）	―	0.01	1 ha	100	―
	平方キロメートル（km²）	―	―	0.01	1 km²	―
尺貫法	坪（歩）	0.3	30.25	3025	―	1 坪
	畝	0.01	1.01	100.83	10083.3	0.03
	反	―	0.1	10.08	1008.33	―
	町	―	0.01	1.01	100.83	―
ヤード・ポンド法	平方フィート（ft²）	10.76	1076.39	―	―	35.58
	平方ヤード（yd²）	1.2	119.6	11959.9	―	3.95
	エーカー（ac）	―	0.02	2.47	247.11	―
	平方マイル（mile²）	―	―	―	0.39	―